夢想職業系列

醫生
實習班

新雅文化事業有限公司
www.sunya.com.hk

夢想職業系列
醫生實習班

編　　寫：新雅編輯室
插　　圖：ruru lo Cheng
責任編輯：劉慧燕
美術設計：李成宇
出　　版：新雅文化事業有限公司
　　　　　香港英皇道 499 號北角工業大廈 18 樓
　　　　　電話：(852) 2138 7998
　　　　　傳真：(852) 2597 4003
　　　　　網址：http://www.sunya.com.hk
　　　　　電郵：marketing@sunya.com.hk
發　　行：香港聯合書刊物流有限公司
　　　　　香港荃灣德士古道 220-248 號荃灣工業中心 16 樓
　　　　　電話：(852) 2150 2100
　　　　　傳真：(852) 2407 3062
　　　　　電郵：info@suplogistics.com.hk
印　　刷：中華商務彩色印刷有限公司
　　　　　香港新界大埔汀麗路 36 號
版　　次：二〇一六年七月初版
　　　　　二〇二四年一月第七次印刷

ISBN: 978-962-08-6582-4

小朋友，歡迎你參加夢想職業體驗——醫生實習班。我們將會參觀醫院，認識一下醫生的工作。你準備好了嗎？我們出發吧！

目錄

病房

X光室

物理治療室

物理治療師

二樓
一樓

詢問處
詢問處人員

急症室
護士

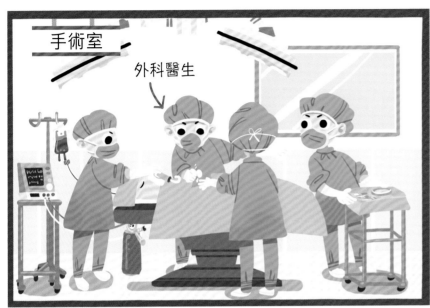

手術室

外科醫生

產房

助產士

診症室

兒科醫生

藥房

藥劑師

除了醫院外，有些醫生會在診所工作呢！

不同的醫生

醫院這麼大，裏面可能有幾十位，甚至過百位醫生。雖然他們的工作都是救治病人，但他們各有不同的專業，主要職責也有所不同，以下是其中幾類在醫院裏常見的醫生。

小朋友，你們要乖乖打針吃藥，才會快點好起來呀！

我是專門為病人進行腦部手術的腦外科醫生。

兒科醫生
專門負責替小朋友和青少年看診和治病。

外科醫生
是負責替病人開刀動手術的醫生，他們又會因應專長而細分為不同的專科，如腦外科、泌尿科等。

其他醫生

病人足部骨裂的地方已癒合了，可以把石膏拆除啦！

雖然我也是醫生，但牙醫的訓練和一般內外科醫生是很不一樣的。

牙醫

專門為病人治療有關牙齒、牙肉的疾病，並會教導我們保持牙齒健康的方法。

骨科醫生

專門為病人治理骨骼方面的毛病，如骨折、關節勞損或移位等。

我主要在動物醫院或診所工作，你在一般的人類醫院是不會找到我的啊！

獸醫

是專門為不同動物治療疾病的醫生。

醫生的**主要工作**

雖然不同醫生的職責各有不同，但他們的工作主要包括以下這些。

為病人斷症

醫生，我的喉嚨好痛啊！

- 檢查病人的身體及分析他們的病徵，判斷病人患的是什麼病。

處方藥物

- 為病人處方合適的藥物，以減輕病人的痛苦及打敗病菌。

安排檢查

- 若根據病人表面病徵未能確定病因，醫生會安排病人進行較深入的檢查，如照X光、心電圖等。

為病人做手術

手術中
OPERATING

- 如有需要，醫生會為病人開刀做手術。

巡視病房

婆婆，你今天覺得怎麼樣？

- 醫生會巡視病房，定時觀察病人情況。

醫生除了診治病人身體上的毛病外，還會對病人和他們的家人表達支持，適時安撫他們的情緒，讓病人能勇敢對抗病魔。

醫生工作的地方

診症室

這裏是診症室，我每天就在這裏接見病人，了解他們的病況，然後為他們處方藥物，或轉介他們接受不同的檢查和治療。

診症室內設有檢查牀，供病人躺下，以便醫生為病人檢查身體。

小知識

守秘密的醫生

　　為尊重病人的私隱，醫生的專業守則中有嚴格規定醫生在未經病人同意的情況下，不得向別人透露病人的病情和病歷。

醫生需要一些工具來輔助了解病人病情，最常用的有聽診器和血壓計等。

電筒和小木棒有助醫生檢查病人的喉部等較難觀察的患處。

血壓計
用以量度病人的血壓和心跳。

若病人身上有傷口，護士可用繃帶、紗布等工具為他清洗、上藥和包紮。

病假證明書

病歷表

聽診器
用作聆聽病人的心跳和呼吸情況。

醫生會把病人的病情和所吃藥物等資料記錄在他的個人病歷表上，並會就病情輕重，為病人開出病假證明書。

醫生或護士會用針筒為病人注射預防疫苗或藥物。

手術室

這是醫生為病人進行手術的地方。

手術過程中，病人會連接醫療儀器，以便醫生能時刻觀察病人的身體情況，如心跳、血壓等。

醫生為病人進行手術時極需要有足夠的光線照明。手術燈由多盞燈組成，是為了可以多角度照射手術部位，避免造成陰影，有礙醫生的視線。

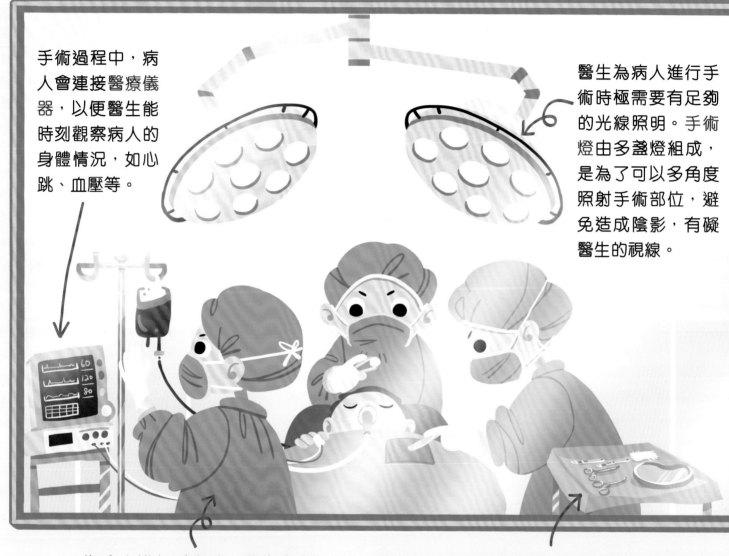

為病人進行手術時，醫生會穿上手術服，並戴上頭套、口罩和手套，保持衞生。

醫生在做手術時需要用上不同工具，如剪刀、止血鉗、紗布等，大多數工具都是由不鏽鋼製成，使之較耐用，而且便於作消毒處理。

噓……外科醫生們正在手術室內專心為病人做手術，我們要保持安靜，不要騷擾他們啊。

醫生守則

醫生在做手術前，必須：

- 脫下身上佩戴之飾物，包括戒指、頸鏈等。

- 徹底清潔和消毒雙手。

- 穿上合適的衣物。

病 房

這是病人留院時休息的地方。

病牀之間一般設有布簾，供醫生為病人做檢查時拉上，保護病人私隱。

病牀旁或設有吊架，供吊起血漿、鹽水、營養液等，輸送給病人。

病情較嚴重或不穩定的病人，須連接心電儀等監察儀器，以便醫護人員能時刻掌握其身體情況。

每張病牀均會放置記錄檔案，醫生會將病人的情況、用藥資料等記錄下來，方便當值的醫護人員跟進照顧病人。

這是一般病房，醫院裏還有其他不同病房，以配合病人的不同需要！

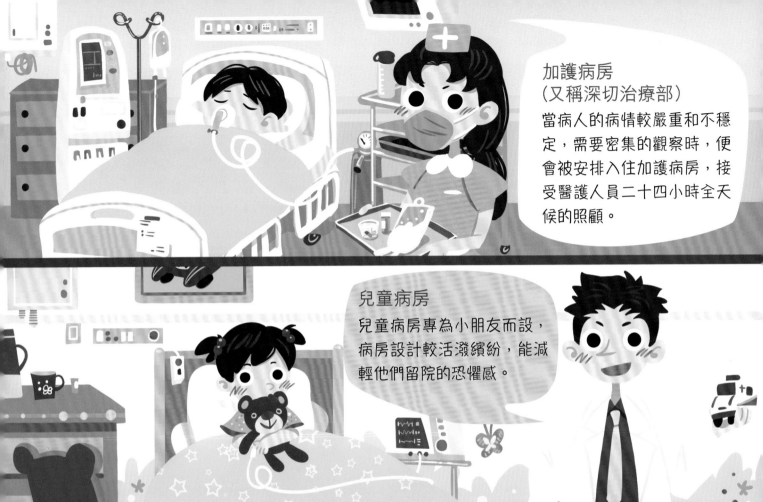

加護病房
（又稱深切治療部）
當病人的病情較嚴重和不穩定，需要密集的觀察時，便會被安排入住加護病房，接受醫護人員二十四小時全天候的照顧。

兒童病房
兒童病房專為小朋友而設，病房設計較活潑繽紛，能減輕他們留院的恐懼感。

隔離病房
隔離病房具獨特設計，有助隔絕傳染病。專供患傳染病之病人入住，避免其疾病在醫院環境中傳播。另外也適合抵抗力弱的病人入住，避免受到傳染。

和醫生工作相關的人

護士

我們護士除了輔助醫生診治病人和協助手術進行外，還時常獨立地肩負起照料病人的工作。

護士的工作包括：

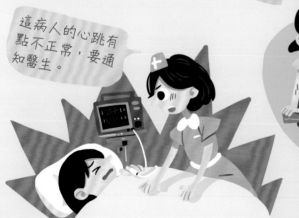

• 巡視病房，監察病人的情況。

• 為病人治理傷口。

• 為病人進行洗胃等治療。

助產士

- 在孕婦懷孕期間，向孕婦提供懷孕和預備生產的知識。

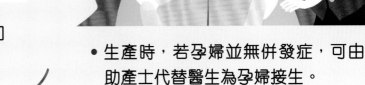

- 生產時，若孕婦並無併發症，可由助產士代替醫生為孕婦接生。

- 寶寶出生後，負責照料初生嬰兒，並教導新手父母照顧嬰兒的技巧。

物理治療師

我們物理治療師的主要職責是協助病人改善身體的活動情況。以下是我們的一些工作。

• 以按摩的方法或利用一些治療儀器，幫助病人改善活動情況。

• 輔助病人進行不同的復健運動。

• 負責訓練病人使用各種輔助活動的工具或義肢。

藥劑師

藥劑師需確保配藥員按照醫生的處方正確地為病人配藥；並以其專業知識教導病人正確的服藥方法和如何避免副作用。

藥劑師還有其他工作呢！

• 為醫生提供最新的藥物資訊。

• 在售賣藥物的店舖為顧客提供藥物諮詢。

認識 優秀傑出 的醫生

「疫苗之父」── 愛德華·詹納

愛德華·詹納（Edward Jenner，1749-1823）是十八世紀英國一位著名的醫生。他以研究和推廣牛痘疫苗，防止天花病而聞名，被稱為「疫苗之父」。

天花曾經是歐洲一種非常盛行的致命疾病，每年都有很多人死於這種傳染病。當時英國鄉間流行一個說法：一個人只要曾經染上牛痘，便不會染上天花。擠牛奶的女工多數都曾感染牛痘，她們亦的確很少患上天花。

注射疫苗雖然有點痛，但忍一忍就過去了。

於是詹納醫生着手研究以牛痘製成疫苗，把它注射到人體內，這樣人們便會對天花產生免疫力，從此不會染上這個病。

他最終成功研發出這種疫苗，並在全球的共同努力下，令天花這種傳染病在地球上絕跡。

「香港女兒」── 謝婉雯醫生

謝婉雯醫生是香港對抗嚴重急性呼吸系統綜合症（SARS，俗稱沙士）疫症期間，為搶救病人而殉職的首位醫生。

2003 年 3 月，香港爆發沙士疫症。當時屯門醫院接收了三名患者，但因為院內胸肺專科醫生不足，謝醫生自願由內科病房轉到沙士病房工作。

由於情況危急，謝醫生親自為病人插喉，懷疑因此感染致命病毒。她 4 月病發留院治療，直至 5 月中旬因搶救無效而不幸病逝。

她的勇敢和犧牲精神感動全港市民，被冠以「香港女兒」的稱號。

延伸知識
認識動物醫生

香港有一個慈善機構一直為醫院、護養院、孤兒院等機構提供義務動物治療服務。安排經他們嚴格挑選的動物擔任動物醫生，到各機構與病人、住院者等互動，給他們獻上無盡的溫暖與關懷。

只要是年滿一歲，性情溫馴和身體健康的動物，就有機會和我們一樣成為動物醫生！

4 正式成為動物醫生！

如何成為動物醫生？

1 由主人為寵物報名。

2 通過性情測試、控制能力評核和身體檢查。

3 參加講座訓練，成為實習醫生，並完成實習。

認識中醫

小朋友，你知道嗎？其實這些藥材跟你們常見的藥丸和藥水一樣，都有治病的功效啊！

我們在本書中介紹的醫生、手術等都是屬於西方的醫學。其實中國也有自己的醫學，稱為「中醫」。中醫為病人診治疾病的方法和西醫大有不同呢！

中醫主要的診症和治療方法：

把脈

中醫師用手指按病人的脈搏處，便能知道病人的身體情況。

針灸

採用針刺或火灸人體穴位來治療疾病，有緩解疼痛等效用。

推拿

在病人的皮膚和肌肉上按摩，使疼痛減輕或消失，有助治病和強身健體。

如何成為一位醫生？

究竟我要怎樣做才能成為一位醫生？

小朋友，首先你要看看自己是否具備以下的特質啊！

專注力強

有耐性

有愛心

樂於與人接觸

做事嚴謹認真

此外，你還要努力學習，才能考取醫生的專業資格啊！

成為醫生之路

• 完成小學及中學課程。

• 考入大學的醫學院。

香港只有香港大學和香港中文大學提供醫科課程呢!

• 完成為期六年的大學醫學課程,並通過專業知識和臨牀考試。

• 合格後便可到醫院實習十二個月。

• 完成實習後才有資格註冊成為醫生,可以執業應診。不過,如要成為專科醫生,另外還需接受最少六年的專科訓練呢!

小挑戰

不同的醫生負責診治不同的病人，你知道下面這幾位病人應該由哪位醫生負責嗎？請把病人和相應的醫生用線連起來。

我的狗狗生病了……

1.

乞嚏！

2.

3.

4.

A.

骨科醫生

B.

獸醫

C.

兒科醫生

D.

牙醫

答案：1.C 2.A 3.D 4.B

這裏有幾位小朋友在形容醫生，他們誰說得對？對的，請在旁邊的 ☐ 內加 ✓；錯的，請加 ✗。

醫生會用聽診器為病人量度體溫。

1.

☐

外科醫生負責為病人做手術。

2.

☐

醫生在做手術之前，必須徹底清潔和消毒雙手。

3.

☐

醫生主要的工作是教導病人做復健運動。

4.

☐

醫科畢業生要通過實習才能成為正式的醫生。

5.

☐